はじめての飼育

ヒョウモン飼いのきほん

ヒョウモン
トカゲモドキの
食事から繁殖、
飼育グッズ、
病気のケアまで。

ヒョウモン飼い編集部 編
佐々木浩之　写真

誠文堂新光社

Gallery

ヒョウモントカゲモドキは、そのちょっと笑ったような
やんちゃな笑顔と、猫のような瞳、そして、可愛く、
かっこいいフォルムと魅力がぎっしりと詰まっています。
そしてなんといっても、飼育はそんなに難しくはありません。
ぜひ、ヒョウモントカゲモドキとの暮らし、挑戦してみてください。

Bonjour

Gallery

Gallery

Gallery

CONTENTS

もう一歩奥へ！

ヒョウモントカゲモドキのきほん

まずはヒョウモントカゲモドキの
生態や種類、
どのように成長するかなど、
基本的なところから
見ていきましょう。

ヒョウモントカゲモドキってこんな動物

トカゲではなく、ヤモリの仲間

ヒョウモントカゲモドキ（*Eublepharis macularius*）はトカゲであって、トカゲの仲間ではありません。分類ではヤモリ科トカゲモドキ亜科に分けられる、ヤモリの仲間です。ただ、日本のニホンヤモリとは異なり、壁や窓に張り付いて歩いたりすることはなく、地上を歩きます。また、目にも瞼があるなど、いわゆるヤモリとはちょっと異なる特徴を持っています。そしてなにより、見た目の可愛らしさと、多くの品種がいること、そして丈夫で飼いやすいことなどから、非常に人気の高い爬虫類となっています。

ちなみに、ヒョウモントカゲモドキは夜行性。野生化では日中は日陰の岩陰や穴の中などに隠れていたりするため、飼育する場合もシェルターなど隠れられる場所を用意してあげます。肉食なので昆虫やピンクマウスなどを与えますが、最近では人工飼料も使われるようになってきました。

ヘビやトカゲと同様に脱皮をしますが、ヒョウモントカゲモドキの場

合には脱皮の皮を自分で食べてしまうことが多く、その習性も特徴になっています。

品種は選択交配で作られてきた

ヒョウモントカゲモドキには、さまざまな品種があります。ショップに行けばハイイエローやタンジェリンなどいろいろな体色や柄をもつ美しいヒョウモントカゲモドキに出会えます。これらの品種は、例えば黄色味の強い個体や赤味の強い個体、特徴的な柄を持った個体などを選択して交配していくことで、その特徴を強めたり、固定化していくことで生み出されたものです。自分好みの体色や柄をもつ個体を探し求めていくというのもヒョウモントカゲモドキ飼育の醍醐味のひとつでもあります。

さまざまな魅力を兼ね備え、しかも飼育しやすい爬虫類であるヒョウモントカゲモドキですが、そうはいっても飼育前に知っておくべきこともあります。この本ではこれからヒョウモントカゲモドキを飼ってみようと考えている方へ、その基本的な飼育や生態についてご紹介していきたいと思いますので、飼育の前にぜひ、ご一読していただければと思います。

ヒョウモントカゲモドキの一生

荒地のような砂漠が彼らの故郷

イラン東部からアフガニスタン、パキスタン、インド東部に生息するヒョウモントカゲモドキ。我々日本人にとって、観光などで訪れる機会の少ない場所なのでイメージするのは難しいかも知れませんが、ゴツゴツとした岩や砂利が地面を覆い、わずかに草や低木が茂るような砂漠地帯が彼らの故郷です。年間を通して雨が少なく昼夜の温度差が激しい気候で、冬になると昼は涼しいくらいですが夜は霜が降りるほど気温が下がるので、変温動物であるヒョウモントカゲモドキは半冬眠状態になってほとんど活動しません。

そして4月頃になって暖かくなってくると、オスは自分のなわばりのなかにいるメスを探して交尾を行ないます。

早い成長スピード

産卵された卵は1～2ヶ月で孵化します。土の中から地上に現れた可愛らしいバンド模様のベビーは、初回の脱皮を終えるとすぐにエサとなる小さな虫を探し始め、すくすくと育っていきます。

あっという間に成長して秋の終わり頃には成体に近い大きさになり、それから訪れる厳しい冬に備えて体力をつけておくのです。

身を守るための習性

ヒョウモントカゲモドキは長い期間エサを食べられなくても平気なよう、尾に栄養を蓄えておく習性を持っています。また、大型のトカゲや鳥類に食べられないように夜間活動し、自分の居場所が敵に見つからないように巣穴から離れた場所にフンをして、脱皮の殻も食べてしまい痕跡を残しません。

それでも、同じ夜行性のヘビやヒキガエル、サソリなどには捕食されてしまうことも少なくありません。また、人間が運転する車に轢かれてしまうこともあるようで、野生環境において立派に成長して繁殖するのは大変なことなのでしょう。

飼育下では10年以上生きることもあるヒョウモントカゲモドキですが、野生下での寿命はそれよりも短いことがほとんどです。

ヒョウモントカゲモドキの生活環

誕生

産卵された卵は、周囲の温度にもよりますが約１ヶ月から２ヶ月で孵化します。生まれたてのベビーは通常、ヒョウ柄模様の親とは違って太いバンド模様を持っています。

成長

小さいうちは食欲旺盛で、口に入る大きさの生き物なら何でも食べてしまいます。そして、どんどん大きくなっていくのです。

性熟

約１年から１年半で繁殖可能なサイズまで成長します。オスの方がガッチリとした体格で、より大きくなるのが特徴です。

休眠

冬に気温が下がり、エサとなる虫なども少なくなると、眠っている時間帯が増えて不活発になり、半冬眠状態に入ります。

交尾

春になると、オスは自分のなわばり内にいるメスと交尾を行ないます。オス同士は激しい闘争をするので、なわばりの中にオスは１匹しかいません。

産卵

交尾から約１ヵ月後、抱卵したメスは土のなかに卵を産みます。１度に産卵する数は通常２個ですが、１回の交尾でその年は何回も産卵するという習性があります。

ヒョウモントカゲモドキの体のつくり

目

瞼をもつ。猫の目のように縦に細長い瞳孔を持ち、明るさによって開き具合が変化する。

口

細かく鋭い歯をもち、大きめのエサでも飲み込むことができる。舌は太く、先割れはしていない。

手

趾下薄板がないので、壁などに張り付いたりすることはできない。

再生尾

尾

トカゲやヤモリのように自切でき、再生する。再生すると柄や色が変化する。ちなみに尾には栄養分を蓄えておくことができる。

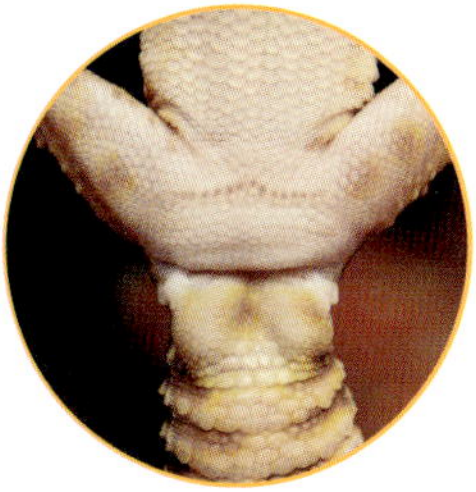

オス

メス

ヒョウモントカゲモドキの成体ではオスは総排泄孔の上方に前肛孔があり、尾基部にふくらみが見られる。メスにはないため、雌雄の見分けはここを見て行なう。

ヒョウモントカゲモドキの近縁種

ヒョウモントカゲモドキが分類されているアジアトカゲモドキ属には5種が含まれています。数年前まではそのなかでペットとして流通するのはヒョウモントカゲモドキ1種だけだったのですが、最近になってそれ以外の4種も国内外で繁殖されたものが販売されるようになり、一気に注目を集めているのです。どれもアルビノやリューシスティックなどの品種は作出されていないので体色は野生個体と同じですが、まだまだ高価で取引されているので、マニアにとっては憧れのトカゲモドキであることも多いようです。

ヒョウモントカゲモドキ

ここではヒョウモントカゲモドキ以外のアジアトカゲモドキ属4種について、簡単な紹介をしていきます。

オバケトカゲモドキ

イラン、イラク、シリア、トルコに生息します。野生のヒョウモントカゲモドキの体色を少し明るくしたような見かけですが、最大体長は30cm以上になることもあると言われて

オバケトカゲモドキ

いて、そのガッシリとした体つきはヒョウモントカゲモドキと比べてみると歴然とした差があります。

ダイオウトカゲモドキ

インド西部に生息します。アジアトカゲモドキ属では最大種とされていて、一説では40cmを超える個体もいるという噂もありますが、実際に飼育しているとオバケトカゲモドキよりも大きくなることはほとんどないようです。成長しても、幼体時のバンド模様が消えることがないのが特徴です。

ヒガシインドトカゲモドキ

インドの東部に生息します。成体になっても最大23cmまでで、このグループの中では最も小さい種類です。後頭部にV字のラインが入り、胴体部分は明るい黄色とこげ茶色の太いバンド模様になるので、他とは一味違った容姿をしています。

トルクメニスタントカゲモドキ

トルクメニスタン南部からイラン北部に生息しています。かつてはヒョウモントカゲモドキの地域個体群とされていたように、パッと見ではほとんど区別がつきませんが、こちらの方がやや小型で、黄色みが強くて顔つきがシャープな印象です。

ヒョウモントカゲモドキ

ヒョウモントカゲモドキの仲間たち

原種系

野生のヒョウモントカゲモドキの体色や姿をもつタイプ。いわゆる野生個体は、生息している国の政情などの問題により流通量が非常に少ない。

◆マキュラリウス

◆ファスキオラートゥス

原種系

◆モンタヌス

ハイイエロー系

野生個体の中から黄色味の強い個体や黄色の範囲の広い個体を選別交配してつくられた品種（モルフ）。品種改良が始まった初期から作られたタイプ。

◆ハイイエロー

ハイイエロー系

◆クラシックハイイエロー

ハイイエロー系

◆ジャガーノート

◆ハイパーザンティック

タンジェリン系

ハイイエローの中で尾や腰の周辺で特にオレンジ色の発色が強い個体を選別交配して作出されたタイプ。

タンジェリン系

◆ハイポタンジェリン
◆スーパーハイポタンジェリン

タンジェリン系

◆ラベンダータンジェリン

◆アクアタンジェリン

タンジェリン系

◆ブラッドタンジェリン

◆サンバーン・ベビー

エメリン系

エメラルドという品種とハイポタンジェリンを交配して作り出されたタイプ。背中が緑色に発色するのが特徴。

◆エメリン

◆レッドストライプエメリン

エメリン系

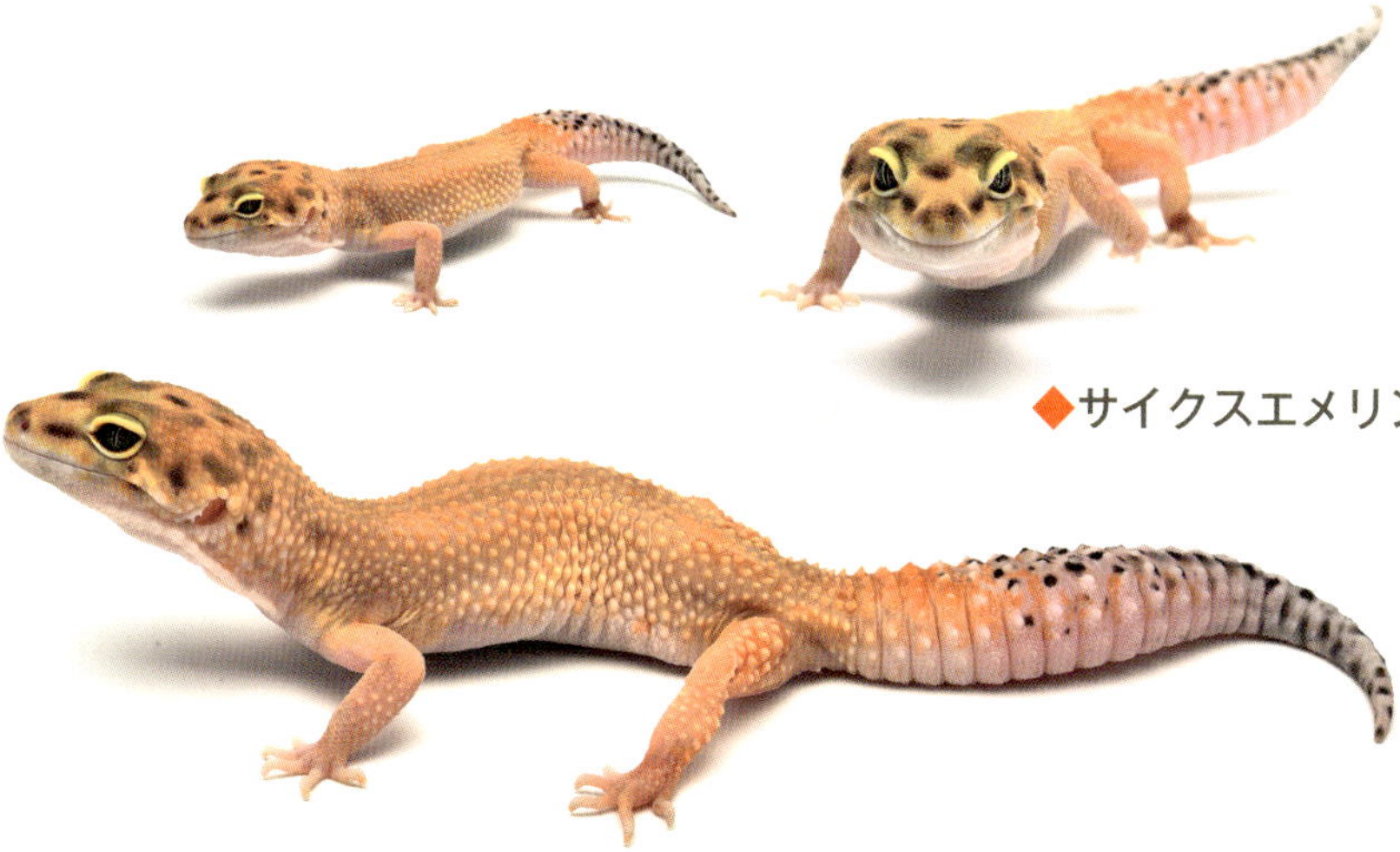

◆サイクスエメリン

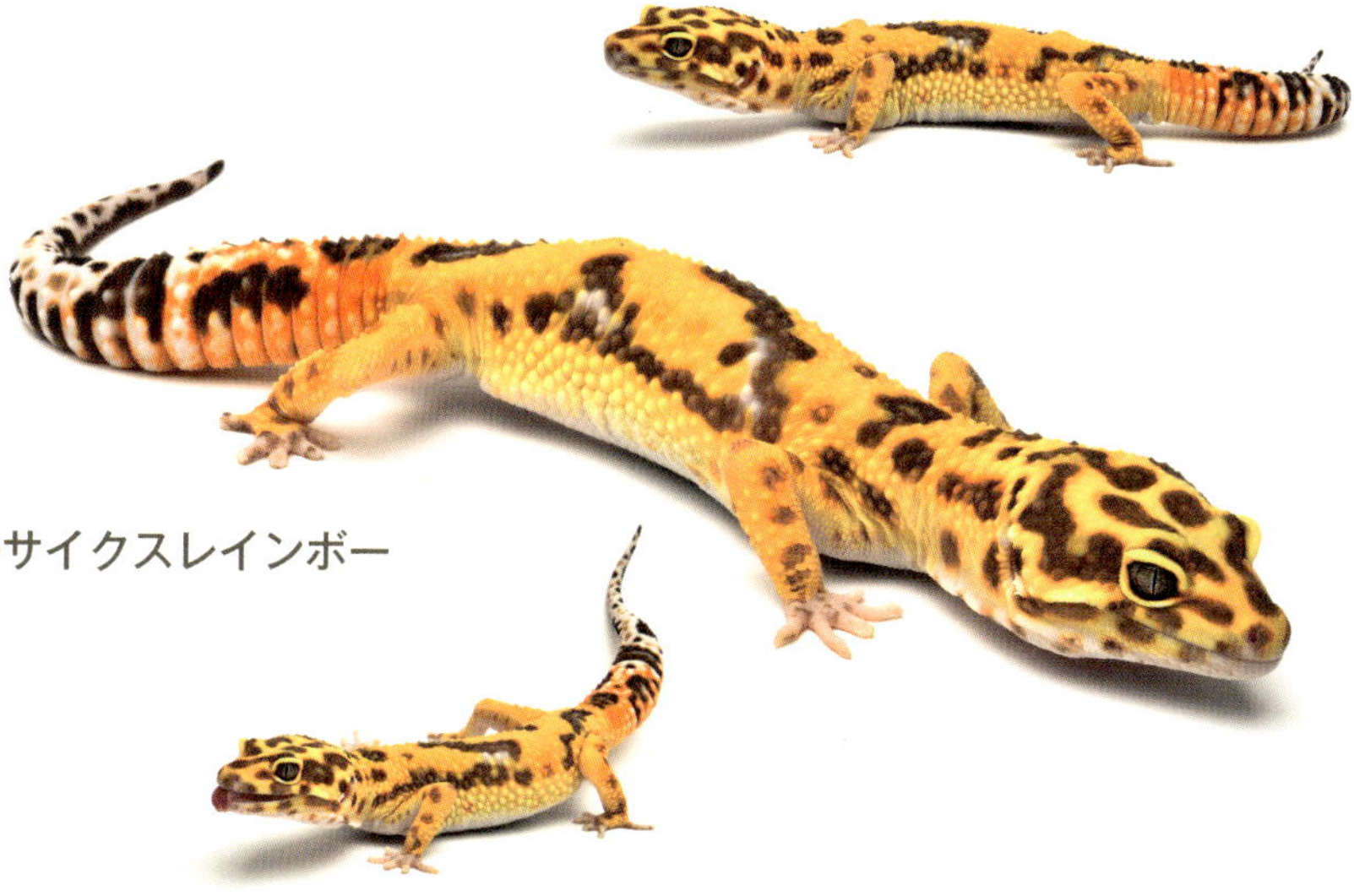

◆サイクスレインボー

ブラック系

体色の黒の色素を強めたり、範囲を広げたタイプ。いくつかの系統がある。

◆チャコール

◆ダーク

ブラック系

◆ブラックパール

スノー系

ハイイエローなどとは逆に黄色の発色を抑えたタイプ。モノトーンっぽい体色が特徴。

◆マックスノー

スノー系

◆マックスノー

◆マックスノーボールドジャングル

スノー系

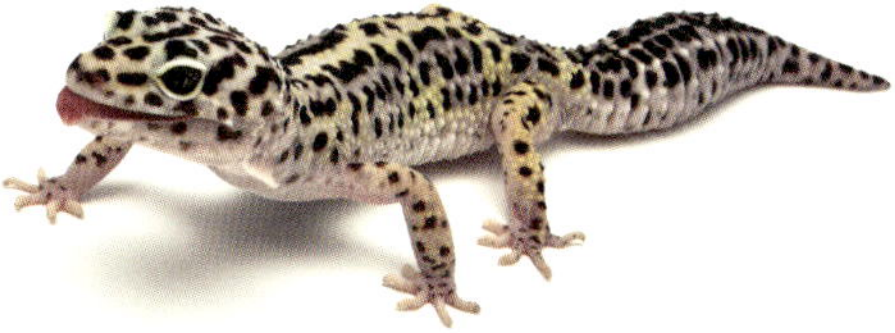

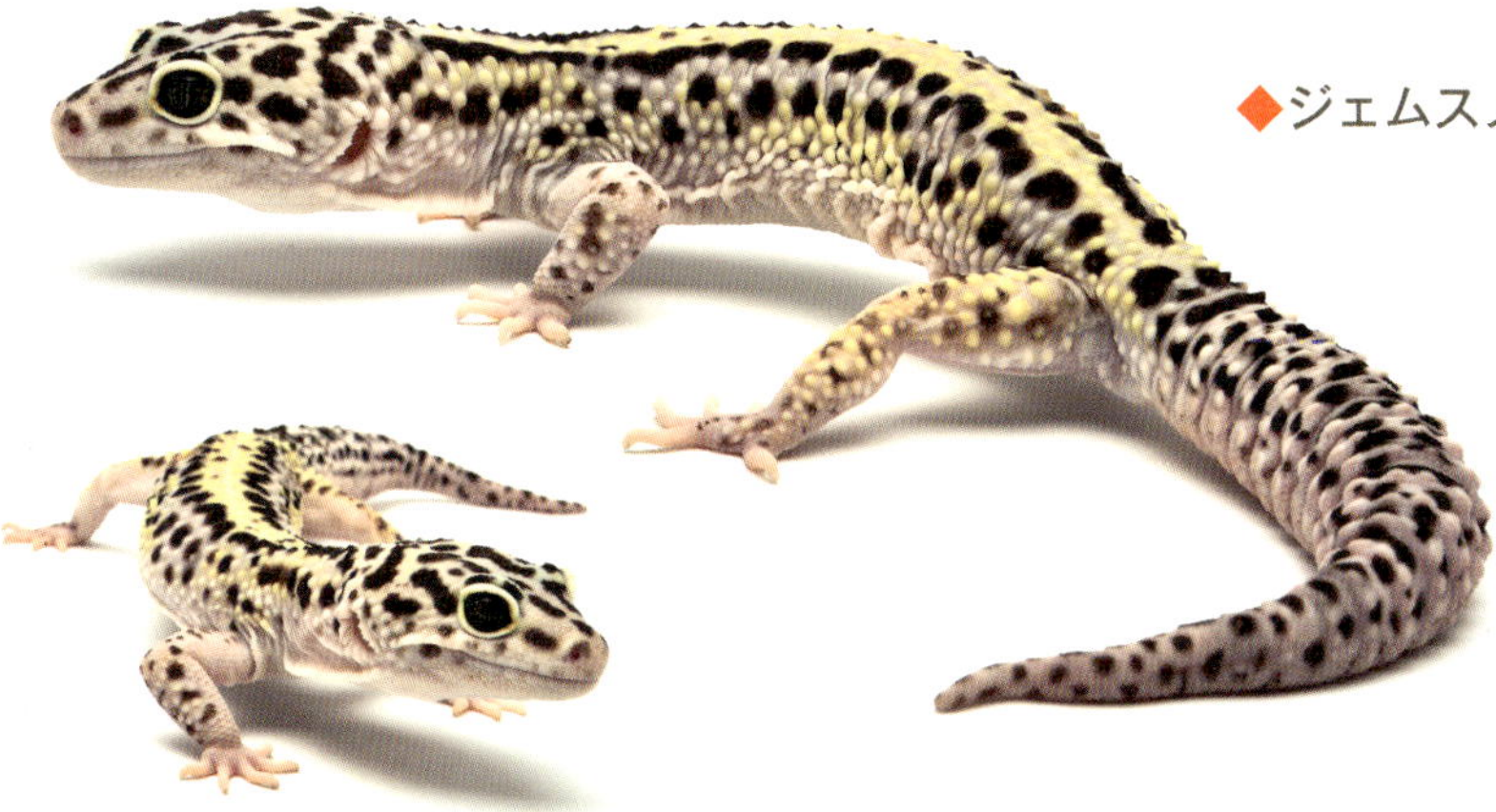

◆ジェムスノー

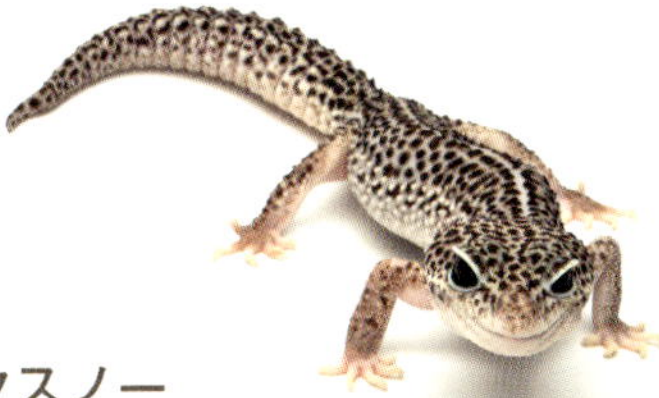

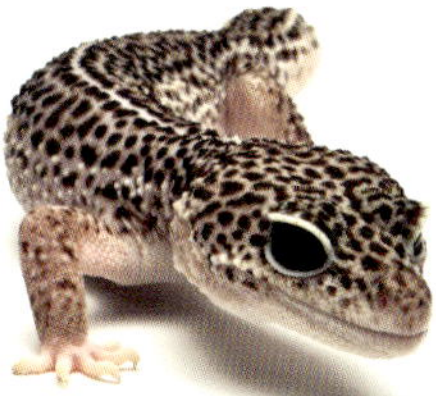

◆スーパーマックスノー

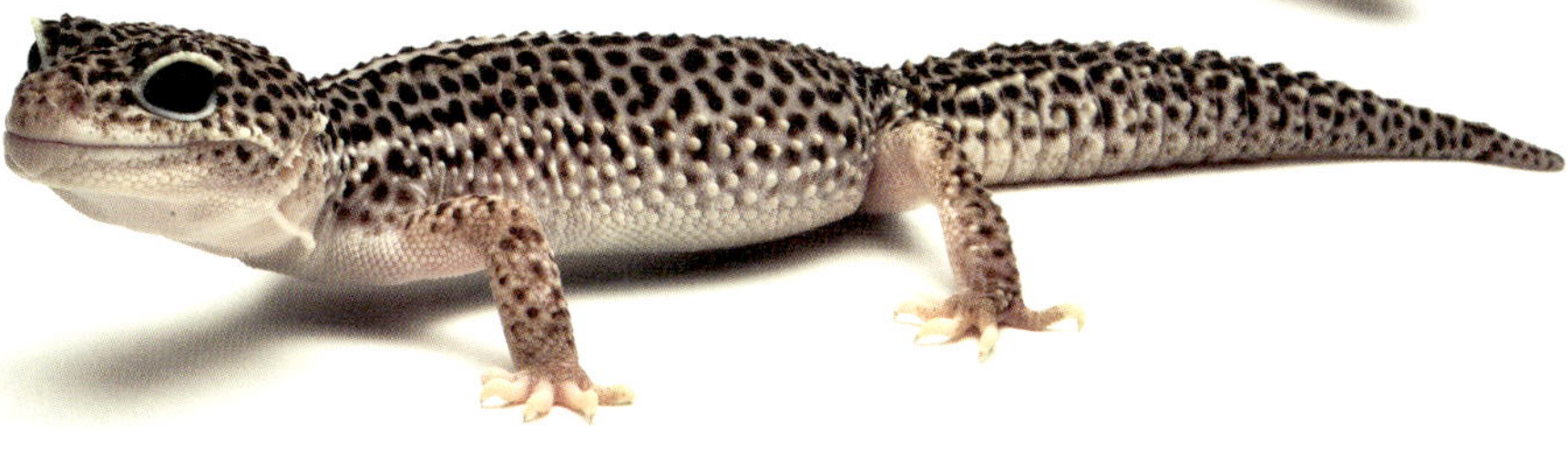

ギャラクシー系

細かなスポットと黄色い斑紋をもつタイプ。
2011年にトレンパー氏によって発表された。

◆ギャラクシー

◆ギャラクシー・パイド

ギャラクシー系

◆ギャラクシーエニグマ

ストライプ系

背中に太いライン状の模様が入るタイプ。この背中の模様の入り方が複雑な形になっているものはジャングルなどと呼ばれる。

◆ボールドジャングル

◆レッドストライプ

◆バンディット

アルビノ系

ヒョウモントカゲモドキのアルビノにはいくつか系統があり、作出者にちなみ、トレンパーアルビノ、ベルアルビノ、レインウォーターアルビノなどと呼ばれる。

◆ボールドストライプベルアルビノ

◆マックスノーベルアルビノ

◆ジャングルマックスノーベルアルビノ

◆トレンパーアルビノスノーリバースストライプ

アルビノ系

◆アルビノスーパースノー

◆レインウォーターアルビノパターンレス

◆アルビノエメリン

コンボ系

それぞれ異なる系統の個体を掛け合わせることで、より複雑な体色や模様を作り出したタイプ。

◆ラプター

◆マックスノーラプター

コンボ系

◆スノーラプター

◆スーパーラプター

コンボ系

◆ブリザード

◆ブレイジングブリザード

◆マックスノーブリザード

コンボ系

◆ディアブロブランコ

◆マックスノーリューシスティック

コンボ系

◆スーパーマックスノーアルビノリューシ

◆ベルサングロー

コンボ系

◆トレンパーサングロー

◆ベルサングローエニグマ

◆レーダー

◆レーダー

コンボ系

◆レイニングレッドストライプ

エニグマ系

成体では尾に模様なく、全体に淡い色の体色を持つことが多い。他の品種と掛け合わせると複雑な模様が出るため人気があるが、神経障害が出る場合がある。

◆エニグマ

エニグマ系

◆タンジェリンエニグマ

◆スノーエニグマ

エニグマ系

◆サイクスレインボーエニグマ

ホワイト&イエロー系

掛け合わせで使うと、エニグマと同様の効果があるがこちらは神経障害が出ないため、人気が出た品種。

◆W&Y

◆ W&Y エクリプス

◆ W&Y ジャングル

ホワイト&イエロー系

◆ W&Y スノー

◆ W&Y ラプター

その他

◆スキットルズ

◆オーロラ

その他

◆ミディアン

◆ハロウィンマスクゴースト

その他

◆スノーゴースト

目の変異系

ノーマルの灰色の虹彩に黒い瞳孔を持つタイプを改良し、虹彩まで黒いエクリプスなどさまざまなタイプが作り出されている。

◆エクリプス

目の変異系

◆スノーエクリプス

◆エクリプス＆スネークアイ

目の変異系

◆ラベンダースノーマーブルアイ

巨大化系

一般的なヒョウモントカゲモドキよりも大きくなるタイプ。成長速度も早く、成長すると一般的なものの倍以上のサイズになる。

◆ジャイアント

巨大化系

◆アルビノジャイアント

◆ジャイアントラプター

巨大化系

◆アルビノスーパージャイアント

◆アルビノトレンパー・スーパージャイアント

巨大化系

◆ゴジラスーパージャイアント

◆ジャイアントブレイジングブリザード・再生尾

ヒョウモン トカゲモドキ 飼いへの道

ヒョウモントカゲモドキを
飼う前に用意しておくもの、
知っておくべきことなどを
まとめてみました。
ヒョウモン飼いになるには、
まずはここから。

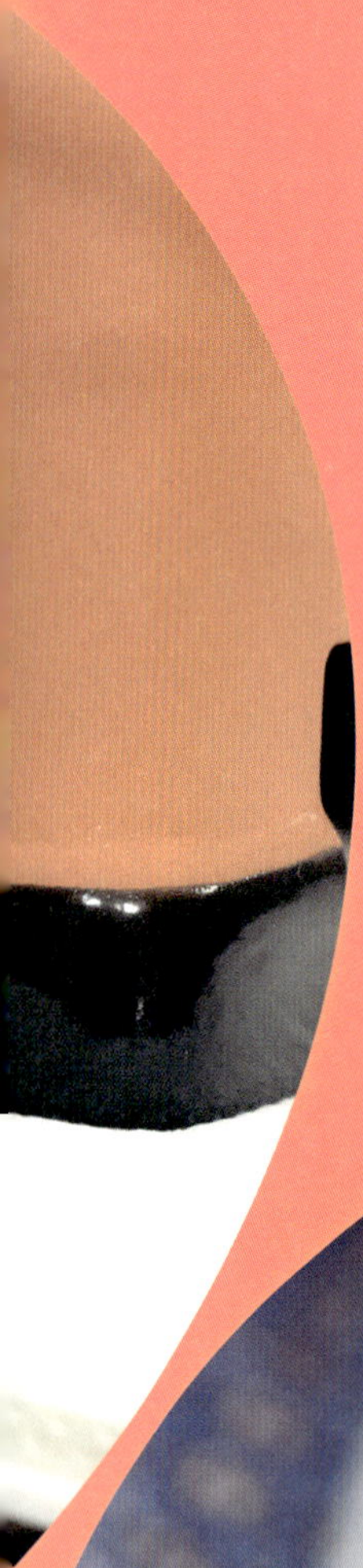

ヒョウモントカゲモドキを飼う前に

結構長生きする爬虫類です

上手に飼うと10年以上も生きるトカゲなので、飼育を始めたら長い付き合いになると思ってください。

小さいうちは食欲旺盛で、体色や模様が変化しながら成長していくので飽きませんが、大きくなってくると日常のメンテナンスでやることは同じ内容の繰り返しになります。どんな生き物でもそうですが、飼育すること自体に飽きてしまわないような覚悟を持つことが大事です。

適度な距離感を保つように

もちろん個体差はありますが、ヒョウモントカゲモドキはおとなしく、人間に対してあまり恐怖心を持っていないことが多いようです。それどころか、馴れてくると飼い主が近づいただけでエサをねだって寄ってきたり、手を差し出すと登ってくることもあります。小さな爬虫類ですが、人間との信頼関係を築くことも可能だと思います。

ただし、爬虫類の場合はイヌやネ

コなどと違い、飼い主にベタベタと撫でられたり長時間ハンドリングされて喜ぶ生き物ではありません。また、急に環境が変わることを嫌がりますので、外を連れ回すのはストレスになってしまいます。

相手が爬虫類であるという認識を持って、適度な距離感を保つようにしてください。

繁殖は計画的に

卵からベビーが顔を出し、新しい命が生まれる瞬間は誰でも感動するでしょう。繁殖させるのが容易なことで知られるヒョウモントカゲモドキですが、うまくいくと1ペアの親から年間に10個以上の卵を取ることができます。

1匹だけで飼育していると、どうしても相手を見つけてあげたくなる気持ちになると思います。しかし、あらかじめ引き取り先となるショップや知人を見つけておかないと大変なことになるかもしれません。

なお、ブリーダーとして爬虫類を販売するつもりなら、地域の保健所で第一種動物取扱業の登録を行なう必要があります。

絶対に逃げられないように

日本国内に元々生息している爬虫類に対して危険な病原体を広げる可能性があるという理由で、ヒョウモントカゲモドキは環境省の「要注意外来生物」というリストに含まれています。その可能性は極めて低いものかも知れませんが、万が一ということもありますので、決して屋外に脱走されることがないように気をつけてください。

また、当たり前のことですが、何らかの理由で飼育を続けられなくなったとしても、絶対に屋外へ放してはいけません。

ヒョウモントカゲモドキの生態

ヤモリらしくないヤモリ

一般的にヤモリと言えば夜中に民家の壁などに張りついてチョロチョロと走り回っている印象がありますが、同じヤモリの仲間であるヒョウモントカゲモドキは垂直面を自由に移動することができません。また、通常ヤモリはまぶたを持たないという特徴がありますが、見て分かるとおりヒョウモントカゲモドキはしっかりと目を閉じることができます。

このようなヤモリらしくない特徴を持ったヤモリなので「トカゲモドキ」と名付けられています。

ほとんどの時間は寝ています

野生では、彼らが活動するのは日没後と日の出前の数時間だけです。それ以外の時間は寝て過ごしていることが多く、そうすることによって外敵となる生き物との活動時間をずらしていると考えられています。

飼育下では落ち着いた環境に安心しているのか、日中に活動していることもありますし、エサを与えればいつでも反応して食べてくれますが、

基本的には夜行性の生き物だということを頭に入れておきましょう。

過酷な環境に耐えるために

1年を通して雨が少なく寒暖の差が激しい、爬虫類にとっては過酷な環境と言える地域に生息しているヤモリなので、いつでも豊富に水やエサを口にできるわけではありません。そのため、エサとなる昆虫などがたくさん現れる時期には、必要以上にとった栄養分を脂肪に変えて尾にたくわえることができるようになっています。

また、温度に対する耐性も幅広く、40℃近い高温の環境でも平気で活動しているかと思えば、10℃以下の低温になっても半休眠状態になって寒さをしのいでしまいます。野生の生息環境では、冬の夜になると零下まで温度が下がるような地域もありますが、彼らが潜んでいる巣穴のなかの状況を基準に考えると、上限を34℃、下限を5℃と考えておけば間違いないでしょう。

飼育グッズで揃えておきたい物

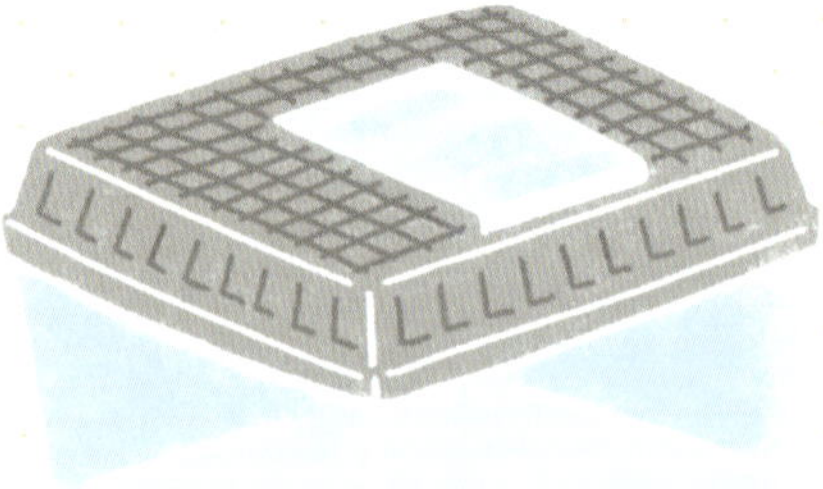

ケージ

ケージは20㎝×30㎝以上の底面積があれば成体サイズになっても飼育することが可能です。爬虫類用に販売されているガラスケースやアクリルケースを使うと便利でしょう。

床材

ペットシーツやキッチンペーパー、新聞紙などを使うと管理が楽です。自然な雰囲気で飼育をしたい場合には砂や砂利を使いますが、誤食には注意する必要があります。

シェルター

体を丸めてピッタリ納まるくらいの大きさの隠れ家（シェルター）を入れると、普段はそのなかで落ち着いているでしょう。

ヒーター

ケージの底面からプレートヒーターで温めるのが一般的です。ケージ全面ではなく、半分から３分の１くらいを暖めて、暑すぎたときの逃げ場があるようにしておきます。

水入れ

霧吹きなどで給水する方法もありますが、小さな水入れを常設しておいた方が安心です。水入れとシェルターが一体化した製品も販売されており、とても便利に使えます。

ピンセット

エサを与えるためのピンセットと、フンを拾うためのピンセットの２本があると便利です。口を傷つけないように、先の尖っていないものを使うようにしましょう。

照明器具

特に紫外線は必要としないので照明器具はいりませんが、鑑賞用として光をあてる場合は、あまり強いワット数のものを使わないようにした方が良いでしょう。

ヒョウモントカゲの飼育環境セッテング 1

~簡単 シンプルベーシックな飼育環境セット

用意するもの

飼育ケース
キッチンペーパー
シェルター
水入れ用の容器

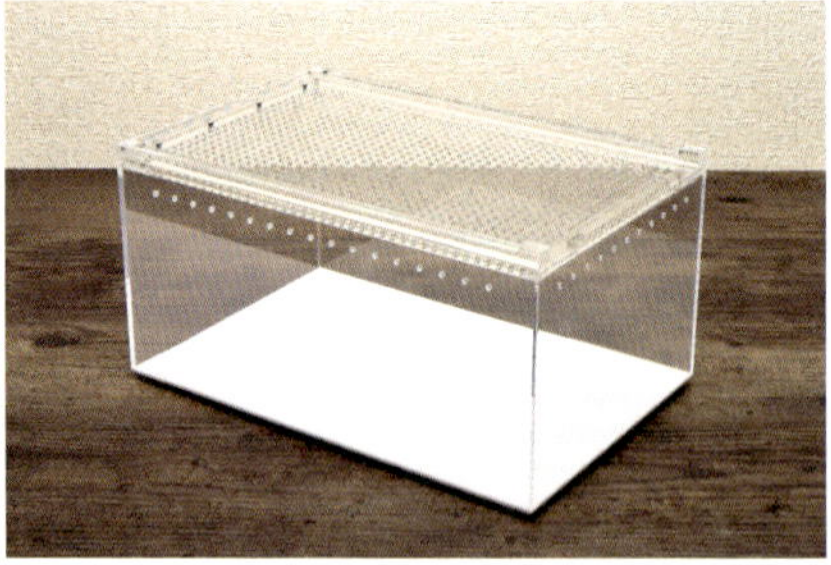

1 飼育ケースを用意します。しっかりフタの閉まるもので、空気の循環ができるものであれば基本的にはOK。爬虫類系のショップなどでいろいろなタイプが購入可能です。

↓

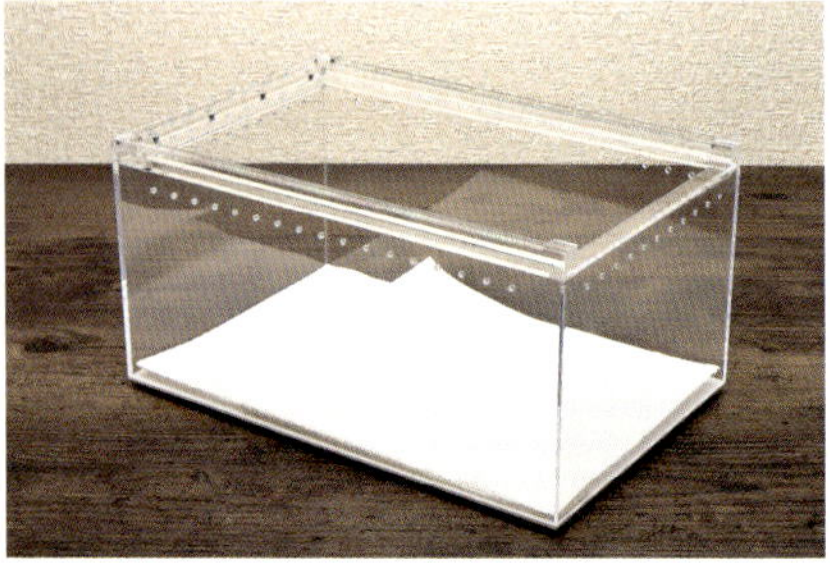

2 ケージの底の部分にキッチンペーパーを敷き詰めます。あとで掃除しやすいよう、なるべく隙間のないようにきっちり敷いておきましょう。

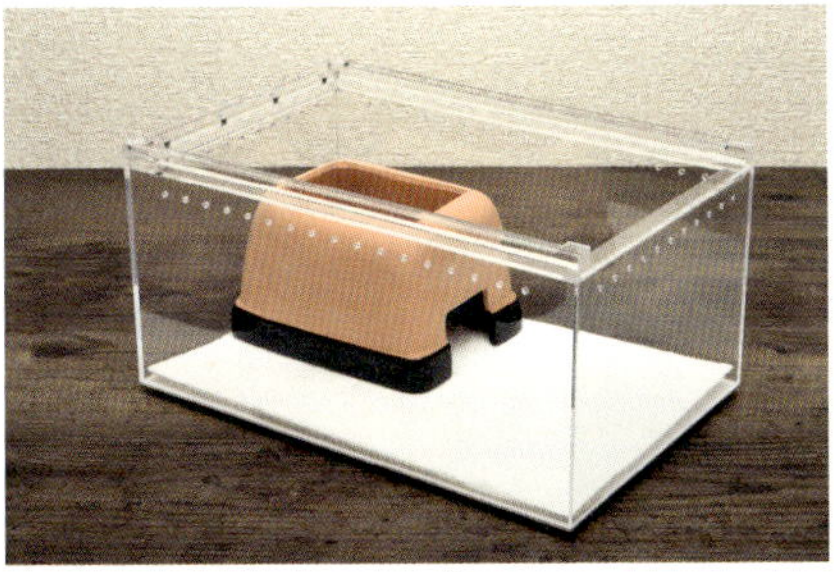

3 敷いたキッチンペーパーの上にシェルターを設置。シェルターは上に水を入れられるタイプのものが便利です。

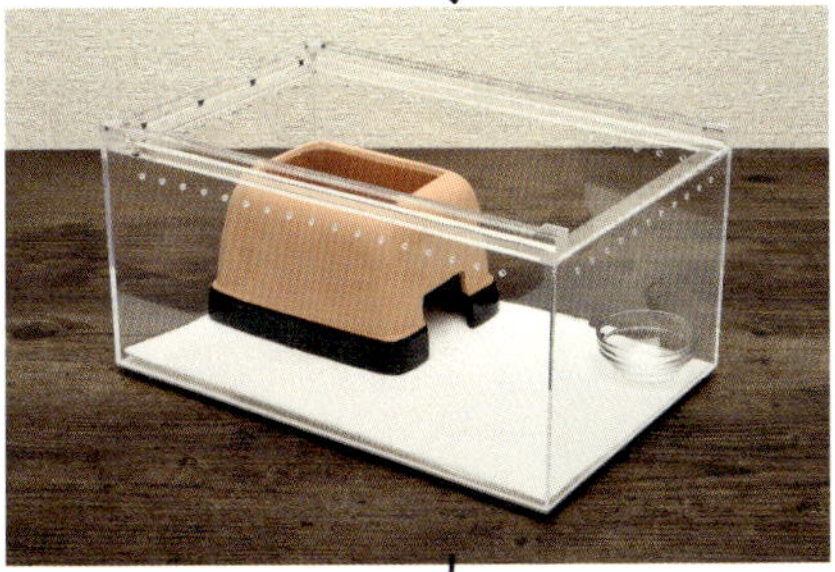

4 シェルターの入り口近くに水入れの容器をセットします。

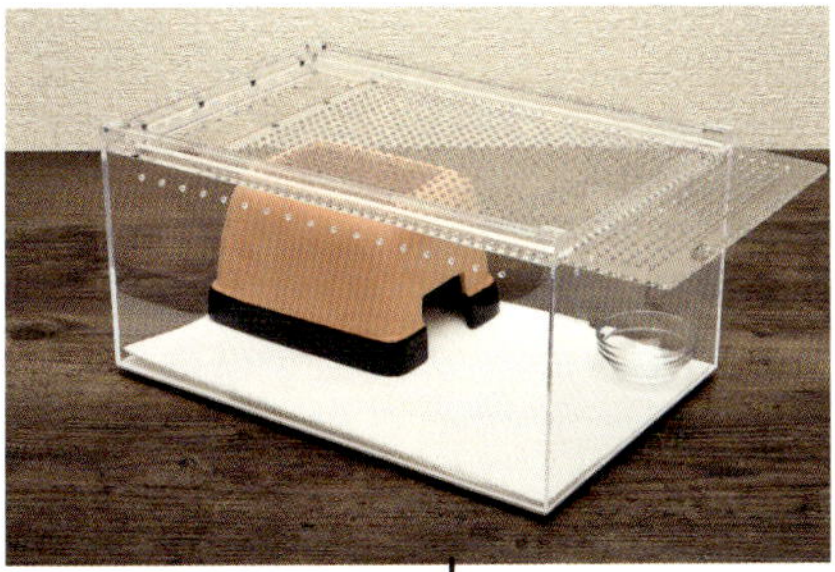

5 フタを閉めるときにチェルターなどがひっかからないかどうか、確認して問題なければセット完了。

6 個体を導入。シェルターの中に落ち着いてくれるまで静かに見守りましょう。

ヒョウモントカゲの飼育環境セッテング

～ちょっとこだわり飼育セット

2

用意するもの

テラリウム用の飼育ケージ
サーモ付タイマー
温度計
証明器具
爬虫類用パネルヒーター
シェルター
餌入れ
爬虫類用サンド

1 飼育ケージを用意する。今回はテラリウムなどにも使える爬虫類用のガラス製ケージを使用。

2 ケージ内に爬虫類用のサンドを敷く。今回はデザートサンドをセレクト。

3 サンドを厚さ数cm程度に敷き詰めたら、その上にシェルターを設置。

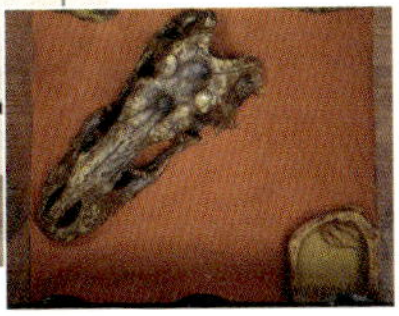

4 シェルターから少し離れたところに水入れを設置。

5 ケージの上部に照明を設置。

6 ケージ内の側面に温度計のセンサーを設置。センサーの位置は正確に温度を測れるように、あまり上過ぎたり下過ぎたりしないように設置する。

7 ケージの下にパネルヒーターを設置。スイッチを入れてみて、ケージ内の温度がどの程度変化するのか把握しておこう。

8 個体を導入してセット完了。

日常的な管理について

エサを与える

ヒョウモントカゲモドキに限らず、生き物を飼うときに最も重要なのがエサやり＝給餌（きゅうじ）です。

生後半年くらいまでは代謝が高いので、毎日もしくは1日おきに食べるだけエサを与えて一気に成長させてしまいます。この時期に十分な栄養を取らせないと成体になったときのサイズが小さくなることもあるので、一番重要な時期と言えます。

生後半年もすると、かなりの大きさに成長しているはずです。この頃になったら給餌のペースを落としていき、1日か2日おきに一度にした方が食いが良いようです。

生後1年ほどでほぼ成体サイズまで育ちますが、そうなったら週に2回くらいにおさえます。もしピンクマウスなどカロリーの高いエサを与えている場合は、週1回くらいで十分です。成体になっても大量に給餌を行なっていると、尾はパンパンに太くなり、前肢の付け根（脇の下）にも脂肪が溜まっていきますが、あまりにも太らせすぎると短命に終わってしまうことがあるので注意が必要です。

エサの与え方や種類に関しては、後ほど詳しく解説していきますので、そちらも参考にしてください。

水分を管理する

ヒョウモントカゲモドキは、乾燥地帯に生息しているヤモリなので、飼育環境がジメジメと湿っているようだと不適切です。脱皮不全の対策として部分的に湿度が高い場所があるのは良いことなのですが、ケージの内部全体が多湿になっていると、今度は逆に脱皮殻が皮膚に張り付くようにくっついてしまい、脱皮がうまくいかなくなってしまうこともあります。

理想的なのは、シェルターのなかは適度な湿度があって、それ以外はサラリと乾燥しているという環境です。なので、水入れは小さくてひっくり返されにくい形状のものを選び、霧吹きで水分補給を行なう場合には過度に湿らせ過ぎないように注意する必要があります。シェルターの上部が水入れを兼ねている商品が販売されていますが、それを使用するのも簡単で良いでしょう。

ケージの清掃

自分の居場所が外敵に見つかりにくくするように、ヒョウモントカゲモドキは巣穴から離れた場所にまとめて排泄をします。その習性から、飼育下でも必ず決まった場所にフンがまとまるので、定期的にそれを取り除きます。

また、床材が汚れたり臭ってきたときには新しいものに交換し、常に清潔を保つように心がけます。

温度管理について

春から秋の温度管理

暑さにも寒さにも耐えることができるヒョウモントカゲモドキですが、温度に応じて飼育スタイルを変化させていく必要があります。

夜間の最低温度が15℃以上の春から秋にかけては、プレートヒーターを1枚敷くだけでOKです。その際に注意する点は、必ずケージの3分の1から半分くらいを暖めるようにして、暑すぎるときの逃げ場を設けることです。また、ヒーターはケージの内部ではなく外側に設置するようにします。一般的に市販されているプレートヒーターには自動温度調節機能が内蔵されているので、夏になってもそのままプレートヒーターを敷いておいて問題はありません。

温度の上限は、一時的になら40℃近い高温になっても耐えられますが、通常は32～34℃と考えておいた方が良いでしょう。真夏の日中に家を閉め切って留守にするときには、ケージ内の温度がどれくらいまで上がっているのかを知るために、最高最低温度計を設置して確かめておくと安心です。

冬の温度管理

寒い冬でもそれまでと同じようにエサを与えて飼育を楽しみたいのであれば、しっかりとした保温をしなければいけません。

部屋のなかの暖かい場所にケージを置いている場合はプレートヒーター1枚で必要な温度まで上げることができますが、寒い場所に置いている場合にはそれだけでは足りないはずです。具体的には、シェルター内部で夜間の最低温度が15℃以上、日中は25℃以上は欲しいところです。なので、そんなときにはプレートヒーターをケージ側面にも貼って下からも横からも暖めたり、上から保温用の電球などを使って温度を上げなければいけません。

クーリングする場合

野生のヒョウモントカゲモドキと同じように、冬季に温度を下げて給餌をストップし、半休眠状態にする（ウインタークーリング）飼育方法もあります。

この場合は、低温に移行する1週間ほど前からエサをストップし、消化管内に残っている排泄物を全て出し切ってしまいます。それから徐々に温度を下げていき、日中の最高気温を20℃以下、夜間は15℃以下になるようにします。実際もっと温度を下げても平気なのですが、最低でも5℃以下にはしないように気をつけてください。

あとは時々、水容器にちゃんと水が入っているかを確認しておけば他にすることはありません。通常、クーリングは2～3ヶ月間行ないます。

半端に代謝が上がってしまう温度では逆に調子を崩すこともあるので、クーリングするのなら温度をしっかり下げるというメリハリが重要です。

飼育ケージの設置場所

野生を忘れた爬虫類？

爬虫類は基本的に頭上から天敵に狙われることが多いので、上から覗きこまれるのを嫌がるものです。しかし、ヒョウモントカゲモドキの場合は、ケージのフタを開けるとエサをくれるのかと思って飼い主を見つめてきたり、何食わぬ顔をしてそのまま寝ていたりします。また、人が頻繁に出入りするような騒がしい場所にケージを置いていても、ほとんどこちらを気にせず生活していることがほとんどです。

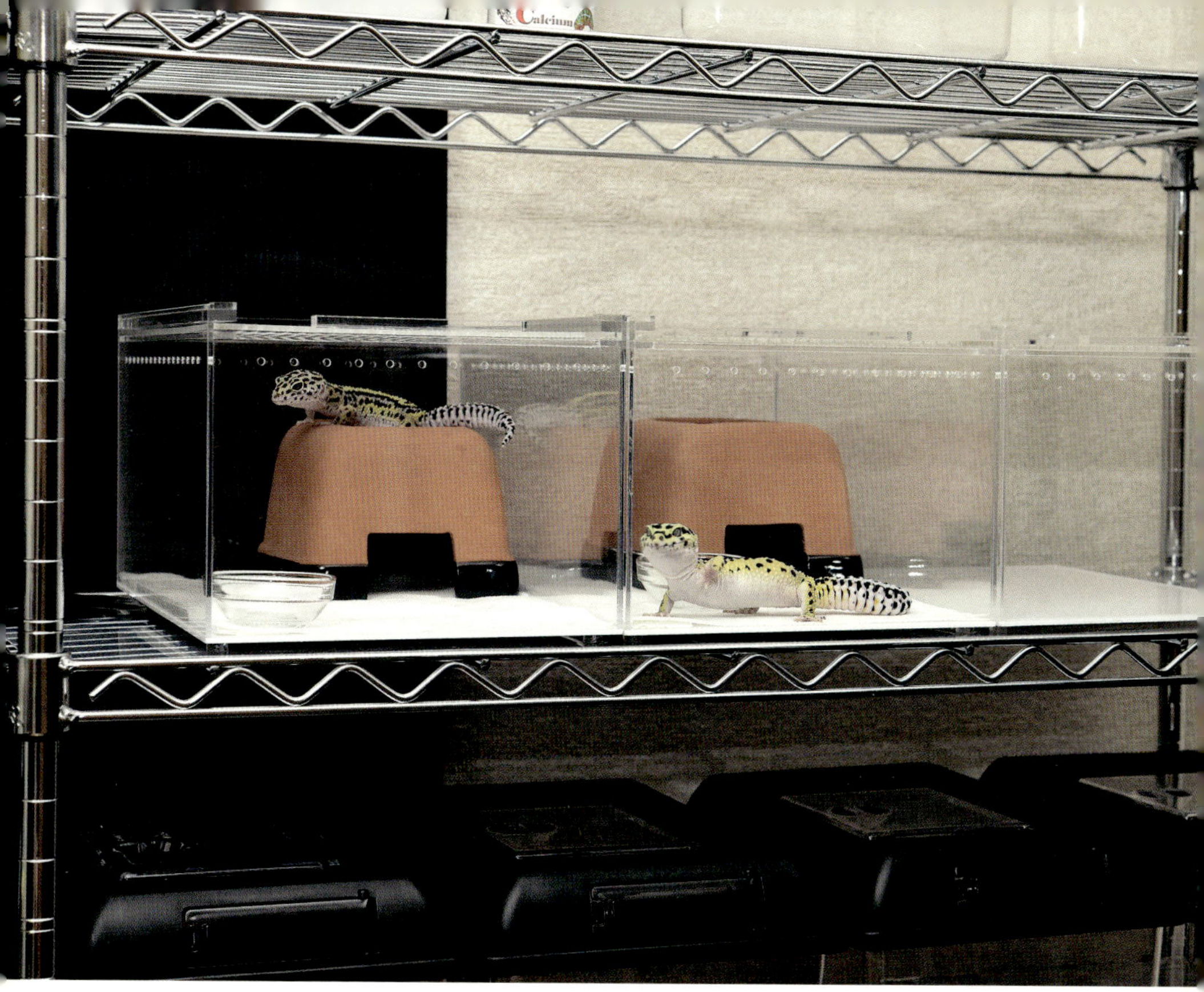

なので、ケージの置き場所に関してはこちらが観察しやすいように好きな場所を選んでも問題ありません。もちろん、なかには神経質な個体もいますので、そういう場合にはなるべく人目に付かない静かなところを選ぶようにしてください。

　また、フンをした直後はそれなりに匂いますので、気になるようでしたら食卓のそばやベッドのそばにケージを置かないようにした方が良いでしょう。

　なお、フンは乾燥してしまうとそれほど強烈な匂いを発さないものですが、清掃を怠って大量のフンがケージ内に残っているとやはり匂ってしまいますから、なるべくこまめにフンを取り除くように心がけましょう。

エサのきほん

エサのメニュー

ヒョウモントカゲモドキは肉食性のヤモリです。エサとして一般的に販売されているものをご紹介します。

1 活餌

フタホシコオロギ、イエコオロギ、ミールワーム、ジャイアントミールワーム、ハニーワーム、シルクワーム、デュビア、レッドローチなどの生きている昆虫は、爬虫類や熱帯魚、小動物などを扱っているペットショップで購入することができます。

2 冷凍餌

冷凍コオロギ、冷凍ピンクマウスの2種類が代表的な冷凍餌です。どちらも湯煎もしくは自然解凍してから与えます。

3 人工飼料

アメリカのレパシー社から「グラブパイ」という製品が登場して、話題になっています。昆虫をベースとした粉末に熱湯を加えてかき混ぜ、その後常温に冷ますとヨウカンくらいの硬さになるので、それを一口大に切って与えます。余った分は冷蔵または冷凍で保存可能なので、とても便利で画期的なエサです。

エサの与え方などに関しては98ページで詳しく解説していきます。

個体の購入時のチェックポイント

ちゃんとエサを食べている

ベビーサイズで販売されている個体の場合は、まだ餌付いていなかったり、偏食や食べ方にクセがあったりなど、少々扱いづらいものも混じっています。どのようなエサを、どのように与えているか、販売しているショップのスタッフに確認するようにしましょう。

四肢がしっかりとしている

4本の足でしっかりと立ち上がり、腹部を地面に擦らないように歩く個体が正常です。ベターっと這いつくばっていたり、歩き方がおかしいものは避けた方が無難です。

良いフンが出ている

ヒョウモントカゲモドキは滅多なことでは下痢や吐き戻しをしません。もしそういう症状が出ている場合は重大な疾患にかかっている可能性もありますので、液状のフンや未消化の排泄物が出ていないかどうか、しっかりと確認してください。

痩せていない

幼体では痩せているかどうかのチェックはしづらいですが、後頭部、四肢、腰骨にしっかりと肉が付いているかどうかを見ておきましょう。

肌ツヤが良い

皮膚はしっとりとしていてビロード調になっているものが正常です。カサカサとして粉を吹いたようになっているものは避けるべきです。

ちゃんと脱皮ができている

尻尾の先、鼻先や頭頂部に脱皮の殻が残っている場合は、ちょっと引っ張ると取れてしまうことが多いので気にすることはありませんが、指先に残った皮が硬く乾燥しているものは指が欠損してしまう可能性が高いでしょう。

ヒョウモントカゲモドキの触り方

なるべく触らないように

爬虫類は頭を撫でられたり、くすぐられたりして喜ぶ生き物ではないので、普段は不必要に触るべきではありません。しかし、ケージの掃除をするときなど、どうしても触らなければいけないタイミングが来ますので、時々はハンドリングを行なってお互いに慣れておいた方が良いでしょう。

下からそっと、すくうように

手の平を上にしてヒョウモントカゲモドキの前に出し、もう一方の手でそこへ誘導していき、自

発的にそこへ乗るようにするのが一番優しい方法です。うまく手の上に乗ったらギュッと掴まず自由にさせておき、落ちそうになったらもう一方の手で受け止めるということを繰り返します。

こんな触り方はアウト！

上から急に掴まれると、爬虫類にとっては天敵である鳥や獣に襲われたような感覚になり、本能的に嫌がります。また、どんな動物でもそうですが、背中側をつまむように触られるのは不愉快です。手足を持ってぶら下げると痛そうですし、尻尾を持つと嫌がって自分で尾を切ってしまうこともあります。

CASE 1

ヒョウモン飼いお宅訪問

手術を乗り越えてのヒョウモン飼育

神奈川県　かめこさん

飼育品種
マックスノーエクリプス
アルビノリューシスティック

床材が招いた悲劇

横浜市にお住まいのかめこさんは、現在、2匹のヒョウモントカゲモドキを飼育されている。しっかりとした飼育設備の中でのびのびと飼育されている個体はとても幸せそうだ。と言っても飼育を開始した頃は色々と飼育環境については試行錯誤されていたそうで、中でも底床の選択を迷っていたそうだ。実は現在も飼育しているアルビノリューシュが、以前、エサと一緒に底床材を誤飲してしまい、腸内で詰まってしまったことがあったそうだ。幸い、専門の動物病院での手術の甲斐あって、現在

ではとても元気に暮らしている。その事故以来、底床は細かいカルシウム系のサンドに行き着いたそう。「可哀想なめにあわせてしまったので、お気に入りの底床は常にストックしています」とかめこさん。脱皮の度に手術跡も薄くなっているそうで、取材日も元気にコオロギを食べていた。

こだわりのフタホシコオロギ

もともと、虫が苦手だったというかめこさんだが、現在ではエサ用のコオロギにも大分慣れてきたそうだ。最近になってコオロギをストックしているケース内に産卵床を入れたそうで、取材中もメスのコオロギが大

1ヒョウモンたちの飼育ケージ。2餌用のコオロギを飼育中。3コオロギはフタホシコオロギを中心に与えている。4食べている表情を観察するのも飼育の楽しみのひとつ。

挙して産卵している姿を興味津々に観察されていた。

「エサにはフタホシコオロギをメインに与えています。何かヨーロッパイエコオロギよりボリュームがあって栄養ありそうなので」とのこと。この辺りもかめこさんのこだわりどころ。

コオロギを食べているところやハンドリングの撮影が終わると、マックスノーは石を枕にお休みモード。それを「可愛い」と見つめるかめこさんからは愛情を強く感じます。それゆえの、こまかなところにもこだわったヒョウモン飼育。とても納得がいきました。

5

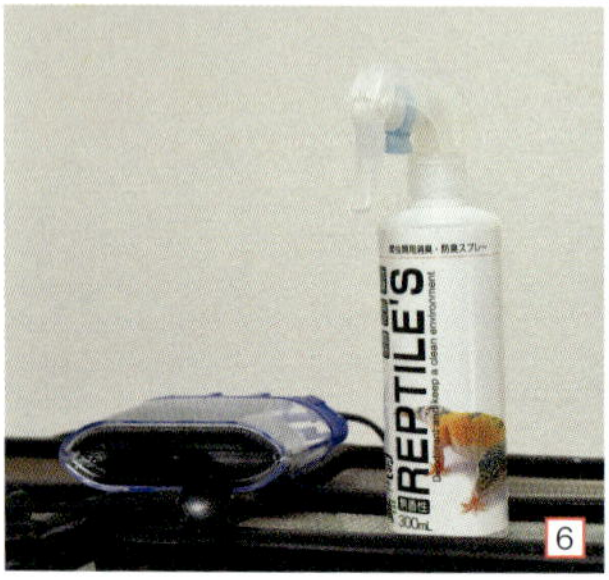

6

7

8

5すっかり馴れてハンドリングもお手のもの。6飼育グッズにもこだわりが。
7細かなカルシウム系のサンドを使用。8コオロギの飼育ケージには産卵床が入れられていた。

CASE 2

ヒョウモン飼いお宅訪問

マウスだけできっちり管理

千葉県　ぴぃさん

飼育品種
ハイイエロー／ハイイエロー
ハイポタンジェリン

その他の飼育動物
コーンスネーク
フクロモモンガ／犬猫

船橋市にお住まいのぴぃさんはヒョウモントカゲモドキを含めた色々な生き物と暮らしている。元々旦那さんが飼育していたコーンスネークの飼育から爬虫類の飼育がスタート。ヒョウモントカゲモドキの飼育は3年弱で、「ヘビの次は足のある爬虫類が飼育したくて」と別の爬虫類にも興味が出てきて、飼育を始めたそう。「虫がどうしてもダメだったんで、飼育をためらっていたんですけど、マウスでも大丈夫だと言われたのでヒョウモントカゲモドキに決めました」とのこと。現在でもエサはマウスを与えて飼育している。ちなみにマウスを与えるときは2種類のサプリメントを混ぜたものを添加しているそうだ。「マウスだけだと太ってしまうと言われるんですけど、しっかりと与える量を調整してあげれば、意外と大丈夫ですよ」とぴぃさん。

ちなみに現在飼っているハイポタンジェリンは知り合いから引き取った個体だが、飼育当初はガリガリに痩せていて立ち上げるのが厳しいのではと思うほどだったそうだ。しか

1飼育ケージはラックでひとまとめに。
2撮影時ちょうど脱皮中でした。

3エサはマウスを与えている。
4太るといわれることの多いマウスでもきちんと管理して与えれば大丈夫とのこと。

し、ピィさん宅に来てからは順調に体重を増やしてプリプリの個体に育ってくれている。撮影に伺った時間は、ちょうど脱皮の最中。「おーっ、大分いった」「あれっ、寝ちゃった。やる気ないなぁ」とヒョウモントカゲモドキの仕草に夢中のご様子。でもこうした楽しみ方ができるのが、ヒョウモントカゲモドキ飼育の醍醐味なのかも。

　なんといっても、あのヒョウモントカゲモドキの眼が好きというぴぃさん。次はどんな個体の飼育に挑戦するのだろう。

5ぴぃさんの体をよじのぼる。
6仕草がいちいち可愛いのがヒョウモントカゲモドキの魅力。

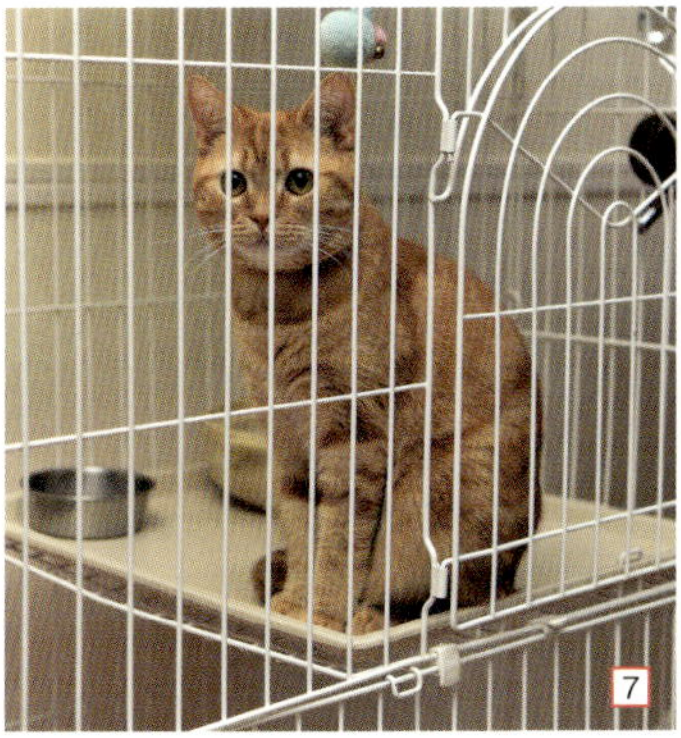

7猫もいました。
89シェルターの中からこちらを観察中。

Gallery

もう一歩奥へ！ ヒョウモントカゲモドキ飼いの道

ヒョウモントカゲモドキ飼育は
奥深い部分もあります。
飼育、病気、繁殖など、
もう一歩踏み込んだ
ヒョウモントカゲモドキの飼育を
考えてみましょう。

エサについて

エサの栄養価を高める

生きた昆虫類をエサに与える場合、その昆虫に何を食べさせるかということはとても重要です。たとえば、ちゃんとしたエサを与えられず、ストック中に新聞紙やキッチンペーパーを齧ってばかりいたコオロギを食べさせるのは、ヒョウモントカゲモドキに紙を食べさせているようなものです。

シルクワームやハニーワームのように専用のエサが存在するものはそれを与えるので問題ありませんが、コオロギやゴキブリの場合は専用のエサもあまり販売されていません。ですから、栄養価の高い昆虫ゼリーや野菜クズなどをしっかりと与えます。

また、ミールワームの場合は販売されているときに使われている木クズやフスマでは栄養が偏るので、ドライのドッグフードなどを与えてからエサに使う方が良いでしょう。

サプリメントを添加する

昆虫はカルシウムに対してリンの値が非常に多く含まれているので、エサとして与える場合にはカルシウム剤を添加する必要があります。

小さなケースに粉末のカルシウム剤と昆虫を一緒に入れてシャカシャカと振ればカルシウムまみれの昆虫になりますから、それを与えるようにしましょう。

カルシウム剤は給餌の際、毎回添加して問題ありません。

餌づけの方法

最初からすんなりとピンセットからエサを食べる個体ならば特に問題はないのですが、なかにはそうでない個体もいます。そんなときには次のようなステップで餌づけていってください。

❶活餌をばらまく

夕方から夜にかけて、ヒョウモントカゲモドキが最も活動的になる時間帯になったら、活きままの昆虫類をケージ内にばらまいてみます。神経質で臆病な個体でも、しばらくすれば食べるはずです。

❷ピンセットから

活餌を捕まえるのに慣れてきたら、活餌を食べている最中、ヒョウモントカゲモドキが食事モードに入っているときに、そっとケージを開けてピンセットでつまんだ昆虫を顔の前に持っていきます。うまくいけば勢いに乗って食べ、ピンセットを恐れなくなります。

❸冷凍エサ、人工飼料へ

完全にピンセットからの給餌に慣れて、ピンセットを見るとエサと思うくらいになれば、冷凍エサでも人工飼料でも、顔の前に持っていけばなんでも食べるようになるでしょう。

餌を食べないときは

活餌をピンセットで与えてもケージ内にばらまいても食べないときは、触角や足を取った状態のコオロギから体液を少しだけ出し、その体液をヒョウモントカゲモドキの口の周りに塗るようにします。するとそれをペロペロと舐め取りはじめ、その勢いでコオロギを食べるでしょう。

また、昆虫を食べる個体でもピンクマウスはなかなか食べないという場合もあり、そんなときは解凍したピンクマウスを目の前5㎝くらいのところに置き、ピンセットでコロコロと横に転がすような動きを見せると、急にスイッチが入ったように食べ始めることもあります。

日々の体調管理

排泄は正常かどうか

よほどのストレスを感じない限り、ヒョウモントカゲモドキは下痢をしたり吐き戻すことはありません。逆に言えば、特にストレスを感じさせるようなこと（長距離移動や温度の急変など）がないのに、下痢や嘔吐をするのは大問題です。

もし頻繁にそういう状況が続くようでしたら、大変危険な病気であるクリプトスポリジウム症に陥ってしまっている可能性が極めて高いと言えます。その場合は、周囲の個体に伝染することが多いので必ず隔離し、ピンセットなどの使用器具の使いまわしを避けます。そして、なるべく新鮮なフンを採取して、獣医師に検便を依頼してください。

皮膚の様子はどうか

人間と同じでストレスを感じていると肌ツヤが悪くなるのは爬虫類も同じです。ヒョウモントカゲモドキの場合はサラサラとしてきめ細かい皮膚の感じが正常で、潤いが足りずにカサカサと粉を吹いたようになっているときは良い状態とは言えませ

ん。

現在では入手するのが非常に困難になってきていますが、ワイルド（野生）採集個体の場合は乾燥した感じの皮膚感であることが多く、しばらく飼育して脱皮を何回か繰り返すうちに良好な肌へと変わっていきます。

これは、捕獲された途端に長い距離を輸送されて、次々と環境が変化することでストレスを受けていたものが環境に慣れていくという結果です。しかし逆に、良好な状態で飼育されていた個体がだんだんと皮膚がしなびていくときは、その飼育環境自体がストレスになっていると考えた方が良いので、早急に改善してください。

目はちゃんと開くか

アルビノなどメラニン色素を持たない品種の場合は視力が弱く、強い光を嫌うものなので、いつでも目をつぶりがちになるのが普通ですが、特別そういう理由でもなくいつも目をつぶってばかりの個体や、常に片目だけ閉じていたりするものには何らかの原因があります。寝ている時間が多く、いつでも目を開けているわけではないので、なかなか気付きづらいポイントですから、ときどきチェックするようにしましょう。

落ち着いているか

ケージ内をウロウロと動き回り落ち着かない様子のときは、何か異変のサインだと思ってください。

たとえば手足を使って床材を掘るような仕草を繰り返しているときは、メスが卵を持っていて産卵に適した場所を探しているということが考えられます。その場合は産卵用にミズゴケやバーミキュライトを敷いたタッパーなどを設置します。

病気について

自切

病気というわけではありませんが、ヒョウモントカゲモドキは自ら尻尾を切る自切という能力を持っています。そのため、同種同士のケンカが起こったときや、エサとして入れっぱなしにしておいたコオロギやミールワームが尻尾の先を齧ったことに驚いて、突然根元からブッツリと尻尾を切ってしまうことがあります。

切れたあとは尻尾が再生しますが元通りにはならず、すこしいびつに膨らんだような形になります。

脱皮不全

鼻や尾の先端部のほか、指先などに脱皮の殻が剥けずに残ってしまうことを脱皮不全と呼びます。ケージ内の湿度が低すぎることが原因ですが、逆に高すぎるときも同じような症状が現れます。

通常、残ってしまった皮はピンセットなどで軽く引っ張るだけで取れますが、ガッチリと癒着してしまっているときには、40℃くらいのお湯でしばらく温浴させて脱皮殻をふやかしてから取るようにします。

特に指先の脱皮不全は早めに処置をしないと、指そのものが壊死して欠損することもあるので注意が必要です。

代謝性骨疾患

ヒョウモントカゲモドキの場合は滅多にかかる病気ではありませんが、カルシウムやビタミンＤ３の不足により骨が軟化してしまい、四肢や背骨、アゴの骨が曲がったようになってしまうことがあります。一度症状が出てしまうと、曲がってしまった骨はなかなか元通りになりません。

予防のために、日常からカルシウムとビタミンＤ３を添加するようにしますが、逆に大量に与えすぎて過剰摂取にならないようにしましょう。

腸閉塞

床材に使用している砂やチップなど、消化できないものを誤食してしまい、しかもそれが排泄されずに消化管内に詰まってしまう症状です。度合いにもよりますが、通常は獣医師による開腹手術をすることになるので、そうならないように予防することが重要です。

普通はエサと一緒に食べてしまうくらい少量の床材なら簡単に排泄されるものですが、カルシウムなどのミネラル分が不足していると、床材をペロペロと舐めて土中のミネラルを摂取しようとする本能があるので、砂などを床材に使っていると大量に飲み込んでしまうことがあります。なので、誤食する可能性のある床材を使用する場合は、カルシウムの添加を怠らないように注意して下さい。

クリプトスポリジウム症

消化管内に寄生する原虫による症状で、ヒョウモントカゲモドキにとっては最も恐ろしい病気です。

初期症状は下痢、消化不良、嘔吐などで、その後は食べても食べても痩せていき、最終的には長い期間をかけて骨と皮だけになって死んでしまいます。現段階では治療法がなく、感染したら他の個体へ伝染しないように隔離するしか対処法はありません。

ブリーデング中のメス

ブリーディングについて

繁殖を狙うなら

可愛いベビーが卵から顔を出して姿を見せてくれたときは、格別の感動があるものです。しかし、多いときには1ペアの種親から年間で10匹以上のベビーを取ることができるので、すべてを自分で世話して育てていくつもりなのか、もしくは、どこかしらの引き取り先を決めておかないと、飼っている人間側の苦痛になってしまいます。

まずはしっかりとした計画を立てることが重要です。

繁殖ケージ

雌雄判別

成熟したオスでは総排泄孔の下、尾の付け根に2つの目立つ膨らみができるので、そこで雌雄を判別するのが一般的です。分からないときは、ショップのスタッフに相談しましょう。

クーリング

野生下での冬を再現するために、一定期間温度を下げることを「クーリング」と言います。具体的には

11月か12月頃から約3～4ヶ月の間、日中の最高気温を25℃、夜間の最低気温を15℃くらいに設定します。クーリング期にはエサを与えずに、飲み水だけを用意しておくようにします。

出会い

クーリングが終了してから1週間ほど経ったら、オスとメスを一緒のケージに入れてみましょう。

ほとんどの場合は、飼い主が見ている目の前ですぐさまオスが尻尾をブルブルと小刻みに震わせてメスに近づき、交尾が始まります。

産卵

交尾後、通常は約1ヶ月ほどで産卵します。

1回の産卵数は2個ですが、まれに1個のことや3個のこともあります。また、1回の交尾でその年は2回から6回程度の産卵を繰り返し、その回数のことを「クラッチ」と呼びます。

孵化

大きめのプラカップにハッチライトなどを多めに敷き、そこに卵の天地が変わらないように移動します。

卵をキープする温度によってオスになるかメスになるかが決定することが知られていますが、30・5℃で、雌雄の比率は1対1となります。この温度だと卵は約45日で孵化することになります。

Gallery

Gallery

ヒョウモントカゲモドキに会いに行こう

ヒョウモントカゲモドキに出会うには、まずは爬虫類ショップに行くことから始まります。

まずは色々なショップを回って自分好みの１匹を見つけましょう。

大宮店の外観。平日は9時まで営業中なのも嬉しい。

1 女性でも入りやすいプロショップ

爬虫類倶楽部 大宮店

ヒョウモン
トカゲモドキが
いっぱい！

爬虫両生類の大型専門店として知られる、爬虫類倶楽部の大宮店。駅からも近く、駐車場も完備されているので気軽に訪れる事が出来る。販売スペースは明るく広いので、女性の方でも入りやすいのが嬉しい。生体の種類の豊富さはもちろん、エサや用品もさまざまな種類を扱っているので、爬虫両生類の愛好家にとっては欠かせないショップといえるだろう。飼育経験の豊富なスタッフが対応してくれるので、飼育初心者でもいろいろと教えてもらうことができるはず。

ストック数はまさに圧倒的。

店内には生体のほかにも、さまざまなエサや用品が所狭しと並んでいる。

INFO

爬虫類倶楽部 大宮店
埼玉県さいたま市大宮区北袋町
1-124-3 USプラントビル1F
☎048-658-2888
FAX 048-658-2887
毎週月曜日・木曜定休
営業時間 平日14：00～21：00
日曜・祭日12：00～20：00
http://www.hachikura.com

探し物がある場合にはぜひ来店してみては？

熱帯魚から爬虫類まで幅広い品揃えの大型ショップ。

2　さまざまなものが揃うプロショップ

B-BOX aquarium 八潮店

ベルツノガエルも
沢山いるよ！

爬虫両生類はもちろん、熱帯魚や海水魚、金魚やメダカ、水草を中心に植物や昆虫、様々な飼育器具などをそろえる超大型ショップ。1Fはアクアリム系、2Fは爬虫類と用品系の売り場となっているが、用品に関しては、取り扱う種類と量には目を見張るものがある。ちなみに爬虫両生類コーナーは、現在も絶賛拡大中。知識豊富なスタッフが何でも相談に乗ってくれるのもうれしいところ。自分の目で確かめて、個体や用品を手に入れたい人はぜひ一度訪れてみてほしいショップだ。

爬虫類のコーナーは徐々に拡大している。

熱帯魚や爬虫類のほか、植物類も取り扱っている。

用品関係もかなりの品揃え。

INFO

B-BOX aquarium 八潮店
埼玉県八潮市中央4-7-3
048-998-5625
年中無休
営業時間 11：00～20：00
http://www.b-boxaquarium.com

知る人ぞ知る、爬虫類の有名店。

3 入門種からマニアックな種まで

爬虫類倶楽部 中野店

爬虫類好きなら知らないものはいないといっても過言ではないほどの充実度を誇る爬虫両生類の大型ショップ。爬虫両生類の個体のストック数はまさに圧倒的。入門種から、他では見られないマニアックな種まで幅広く取り扱っているので、自分好みの個体をじっくり探したい方には外せないショップといえる。

もちろん、個体だけでなく、器具やエサなどの品揃えも豊富なので、探し物がなかなか見つからない場合にはチェックしておきたいショップといえるだろう。

入り口を入れば
別世界

取り扱う生体の多さは圧倒的。見ているだけでも楽しい。

取り扱うアイテムの幅広さも専門店ならでは。

INFO

爬虫類倶楽部 中野店
東京都中野区中野6-15-13
尚美堂ビル
☎03-3227-5122
FAX 03-3227-5121
木曜定休
営業時間 平日14：00～21：00
日曜・祭日12：00～20：00
http://www.hachikura.com

エサや用品もあらゆるものが揃う。

おしゃれな外観が目印。

元気なヒョウモン
トカゲモドキ!

4 水草から爬虫類まで

アクアセノーテ

池袋駅の西口から少し歩くと見えてくるスタイリッシュなショップは、もともと熱帯魚や水草がメイン。店内には美しいレイアウト水槽なども並ぶ。とはいえ、アグラオネマなどの植物や爬虫両生類も取り揃えていて、知る人ぞ知る存在的なプロショップだ。中でも自家繁殖のヒョウモントカゲモドキには定評があり、求めやすい価格なのが嬉しい。場所柄、仕事帰りにちょっと寄ったりもできるのがユーザーとしてはありがたい。

爬虫類や植物もこだわりの品揃え。

自家繁殖のヒョウモントカゲモドキには定評がある。水草関係も充実。

INFO

アクアセノーテ
東京都豊島区池袋2-23-3
橘ビル1F
☎03-3985-6884
月曜定休
営業時間 12:00-21:00
http://aquacenote.jimdo.com

会社帰りなどにちょっとよりたくなるショップだ。

中野から移転してオープンしたショップ。明るい店内が目を引く。

5 女性目線の爬虫類ショップ

どうぶつ共和国WOMA＋Shop

もともとあった、東京の中野から、大宮に移転してオープンした、どうぶつ共和国ＷＯＭＡ。実はこのショップのオーナーは女性。ということで、店内の随所に女性目線の工夫やアイデアがちりばめられている。清潔な店内は、初心者の方でも入りやすく居心地の良い空間が広がっている。

とはいえ、店内の爬虫類のストックは圧巻。ヒョウモントカゲモドキやニシアフリカトカゲモドキ、ボアやボールパイソンなどの爬虫類がずらりと並ぶ。さまざまな個体を見ているだけでも楽しめる素敵な爬虫類ショップなのは間違いない。

さまざまな種類の爬虫類や両生類が並ぶ店内。

ストック数はものすごい数。眺めているだけで、時間が経つのを忘れてしまう。

探している個体に会えるかも。

INFO

どうぶつ共和国WOMA＋Shop
埼玉県さいたま市大宮区
大成町1-247-2
☎048-871-6408
年中無休
営業時間 13:00 ～ 21:00
http://www.doubutsu-rep.com

フクロウやカメの看板が目を引く。

6 爬虫類からフクロウまで

熱帯倶楽部 東川口本店

待ってるね

熱帯倶楽部は爬虫類だけでなく、フェレットなどの小動物や猛禽類なども扱う、知る人ぞ知る大型ペットショップ。店内にはヒョウモントカゲモドキはもちろん、さまざまな動物がずらりと並んでいるので思わず目移りしてしまう。フクロウなどの動物を探して訪れる人も多い。

ゆっくりと買い物ができる綺麗で広いショップは、家族連れでも安心して訪れることができるのもうれしい。

店内にはさまざまな種類の動物がたくさん。さながらちょっとした動物園。

フクロウや小動物のストックも多く、こちらを目当てで訪れる人も多い。

用品なども充実の品揃え。

INFO

熱帯倶楽部 東川口本店
埼玉県川口市東川口4-21-3
☎048-297-3366
年中無休
営業時間
月～土 13：00～22：00
日・祝 12：00～21：00
http://www.nettai.co.jp

Gallery

Gallery

デザイン・装丁：メルシング
イラスト：ヨギトモコ
写真：佐々木浩之
編集協力：二木　勝
取材協力：B-BOX aquarium 八潮店、アクアセノーテ、
どうぶつ共和国WOMA + Shop、
爬虫類倶楽部 大宮店、爬虫類倶楽部 中野店、
熱帯倶楽部 東川口本店
GEX、冨水明、かめこ、ぴい

はじめての飼育《しいく》
ヒョウモントカゲモドキの食事《しょくじ》から繁殖《はんしょく》、
飼育《しいく》グッズ、病気《びょうき》のケアまで。

ヒョウモン飼《か》いのきほん

NDC 487

2015年9月9日　発　行

編　者　ヒョウモン飼《か》い編集部《へんしゅうぶ》
発行者　小川 雄一
発行所　株式会社 誠文堂新光社
〒113-0033　東京都文京区本郷3-3-11
（編集）電話03-5800-5751
（販売）電話03-5800-5780
http://www.seibundo-shinkosha.net/

印刷・製本　大日本印刷 株式会社

ISBN978-4-416-71578-9